Einfach kreativ

W0313318

Anne Pieper

Tiere aus Heu

Fotos: Susa Kleeberg und Friedemann Rink
Zeichnungen: Anne Pieper
Vorlagebogen: Ulrike Hoffmann

FALKEN

Heu als Arbeitsmaterial

Ein Wort zuvor

Man sieht sie immer häufiger – in Blumenläden, Dekogeschäften und Geschenkboutiquen –, Tiere aus Heu. Und das nicht ohne Grund, denn sie sind dekorativ und passen sehr gut zu einem ländlich, rustikalen Wohnstil. Aber auch als liebevolles Geschenk mit besonderer Note eignen sie sich hervorragend!

Noch persönlicher wird solch ein Geschenk, wenn Sie es selbst herstellen. Nur Mut – das Wickeln von Heutieren ist einfach, macht Spaß und ist dabei auch noch ökologisch.

Neunzig Prozent des Arbeitsmaterials besteht aus nachwachsenden Rohstoffen und ist kompostierbar. Das Heu können Sie im eigenen Garten selber herstellen oder günstig einkaufen. Viele andere Zutaten wie Äste, Moos und Zapfen sammeln Sie beim Spaziergang im Wald. Verwenden Sie so wenig Klebstoff wie möglich und anstelle des kunststoffummantelten Blumendrahtes den einfachen schwarzen.

Weil Heu ein leicht zu bearbeitender Werkstoff ist, gelingen auch der Anfängerin schöne Erfolge.

Viel Spaß beim Probieren!

Gekauftes Heu

Für große Figuren, lange Mähnen und buschige Schwänze brauchen Sie langes und festes Heu. Die erste Wahl wäre Heu vom großen Rundballen (1,50 Ø). Sie bekommen es preisgünstig auf den meisten Bauernhöfen. Denken Sie beim Abholen an große feste Säcke zum Einfüllen des Heus. Auch kleine Heuballen (1,30 m x 0,60 m x 0,60 m) lassen sich gut verarbeiten. Weil diese durch eine Presse laufen und geschnitten werden, sind die Halme aber um einiges kürzer als beim gewickelten Rundballen. Zu kaufen sind ganze und halbe Heuballen auf dem Bauernhof, beim Futtermittelhändler oder der Raiffeisen-Genossenschaft (siehe Branchenbuch).

Das in Kleinstmengen abgepackte Kaninchenheu eignet sich nicht zum Heuwickeln. Es ist zu grob, zu kurz und zu trocken. Sie können es allenfalls zum ersten Ausprobieren verwenden.

Ideal ist es, das Heu selbst herzustellen!

Heu selbst herstellen

Wenn Sie einen Garten mit einem Stück Wiese besitzen, können Sie Ihr Heu einfach selbermachen: Für weiches, kurzes Heu schneiden Sie das Gras, wenn es etwa 30 cm hoch ist. Für langes Heu lassen Sie das Gras auf wenigstens 70 cm wachsen.
Mindestens zweimal täglich sollte das Heu gewendet werden. Schichten Sie abends möglichst große Haufen, damit der Tau es nicht befeuchtet. Morgens, wenn die Sonne den Boden schon getrocknet hat, wird es wieder gut verteilt. Stabiles Wetter ist die Voraussetzung für gutes Heu. Je nach Temperatur ist es in drei bis vier Tagen trocken.

Heulagerung

Zur Aufbewahrung besorgen Sie sich große Säcke (möglichst kein Plastik) und stopfen das Heu fest hinein. Lagern Sie das Heu geschützt vor Nässe in einem ungeheizten Raum bei möglichst hoher Luftfeuchtigkeit.

Heuvorbereitung

Um mit Heu gut modellieren zu können, muss es eine gewisse „Feuchte“ haben. Die Halme dürfen nicht brechen und sollen sich elastisch anfühlen. Ist Ihr Heu trocken und spröde, gibt es folgende Möglichkeiten es zu befeuchten:

- Schlagen Sie es in ein feuchtes Handtuch.
- Stellen Sie es einige Tage (ohne Tüte) auf den überdachten Balkon.
- Ganz Eilige befeuchten es mit dem Wäschesprüher. Das Wasser fünfzehn Minuten einziehen lassen. Nach der Verarbeitung an einen trockenen Platz stellen.

Bevor Sie mit dem Verarbeiten beginnen, streichen Sie verschieden große Bündel Heu aus (**Abb1.**). Dadurch trennen sich unterschiedlich lange Halme voneinander und das Tier „haart“ später weniger.

Abb. 1

Der richtige Platz für Ihr fertiges Tier

Um lange Freude an Ihrem Heutier zu haben, stellen Sie es an einen möglichst kühlen, dunklen und trockenen Platz (der Flur ist ideal). Sonnenlicht bleicht das Heu mit der Zeit aus und durch Feuchtigkeit kann es sehr schnell faulen. Der Garten ist deshalb kein geeigneter Platz für Ihr Heutier.

Ein Heutier entsteht

Pappformen anfertigen

Für die meisten der gezeigten Heutiere benötigen Sie eine Grundform aus Pappe, auf die dann das Heu gewickelt wird. Dazu übertragen Sie die Grundform mit Transparentpapier vom Vorlagebogen, schneiden die Form aus und kleben Sie auf ein Stück Pappe. Verwendet werden können alle Arten von Pappresten (Wellpappe, Windelkartons, Pralinenschachteln etc.). Je größer das Tier ist desto stabiler sollte der Karton sein. Schneiden Sie die Form mit dem Cutter auf einer Schneideunterlage oder einer alten Pressspanplatte aus (mit der Schere geht es natürlich auch). Wenn Sie mehrere, gleiche Tiere anfertigen wollen, verwenden Sie die Pappform als Schablone für Ihre weitere Produktion.

Grundmaterialien

- **Heu**
- **Pappe**
- **Transparentpapier**
- **Bleistift**
- **Schere**
- **Cutter**
- **Garn oder Draht**
- **Heißkleber**

Heu aufwickeln

Auf die Grundform aus Pappe wird nun das Heu aufgewickelt. Das Heu sollte immer mit dem Verlauf der Pappform gelegt werden, weil es sich so einfacher verarbeiten lässt und außerdem weniger Abfall entsteht **(Abb.1)**.

Abb. 1

Benutzen Sie zum Umwickeln einfaches Nähgarn. Es sollte dem Farbwert Ihres Heus nahekommen (z.B. Beige, helles Olivgrün oder fahles Ockergelb). Dunkelgrün oder andere kräftige Farben eignen sich weniger, weil man später am fertigen Objekt jede Umwicklung sehen kann. Wenn Sie mehrere Tiere anfertigen wollen, kaufen Sie Spulen von 500 - 1000 m Lauflänge. Wer gerne kräftig zulangt kann anstelle von Nähgarn auch den festeren

Zwirn benutzen. Eine teurere Alternative ist der grüne Myrtendraht. Er ist allerdings sehr dunkel und damit gut sichtbar. Eine andere, jedoch sehr kostspielige Variante ist das Wickeln mit dünnem Messingdraht. Natürlich haben die goldenen Drähtchen, die kreuz und quer über das Heutier verlaufen, Ihre eigene, edle Wirkung.

Achten Sie bei der aufzuwickelnden Heumenge darauf, nicht zu weit über den Rand der Pappform zu kommen – das Tier verliert sonst schnell die Form **(Abb. 2)**.

Abb. 2

Soll das Heutier eine glatte Oberfläche haben, wickeln Sie viel Garn (oder Draht) darum. Halme, die nach dem Umwickeln noch abstehen, schneiden Sie mit der Schere zurück: Das Heutier wird „frisiert".

Soll die Oberfläche „struppig" wie Fell aussehen, umwickeln Sie das Heu weniger oft und schneiden Sie nur lang abstehende Halme zurück.

Beachten Sie:
Bei den Arbeitszeichnungen zur Anfertigung der einzelnen Tiere sind die Garnumwicklungen nicht mitgezeichnet. Die Zeichnungen sollen in erster Linie den Verlauf des Heus deutlich machen. Wie reichlich Sie Ihr Tier umwickeln bleibt Ihnen überlassen. Mit der Zeit und etwas mehr Übung werden Sie immer weniger Umwicklungen brauchen, bis das Heu in Form gebracht ist und nichts mehr herausrutscht.

Augen

Für die meisten Tiere werden schwarze Holzperlen als Augen verwendet. Halbieren Sie die Holzperle auf der Bohrung mit der Rosenschere oder dem Seitenschneider **(Abb. 3)**.

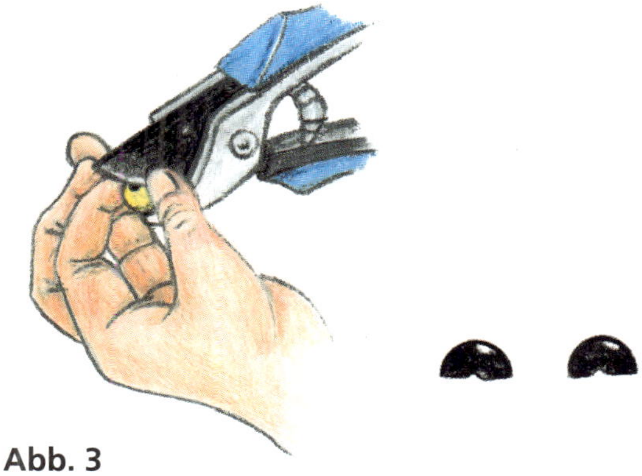

Abb. 3

Drücken Sie die Klinge leicht in die Holzperle, aber – **Vorsicht!** – trennen Sie die Perle erst durch, wenn Sie Ihre Finger davon entfernt haben!

Wenn Sie Fertigaugen benutzen, bohren Sie mit einem dünnen Holzstäbchen (z.B. Schaschlikspieß) zwei Löcher in das Heu, geben Heißkleber hinein und setzen die Augen ein.

Ohren

Die Ohren schneiden Sie, sofern diese nicht aus heubewickelten Pappformen bestehen, aus festem Leder oder 2 mm starkem Filz nach den Formen des Vorlagebogens aus. Bohren Sie mit einem Holzstäbchen (Schaschlikspieß) die Löcher vor (bei großen Ohren bohren Sie mit dem Finger nach). Geben Sie etwas Heißkleber in die Löcher, legen das Ohr auf und drücken es mit dem Stäbchen hinein. Dadurch bekommt es seine typische Form **(Abb. 4).**

Abb. 4

Nasen

Auf die in der Regel aus Heu geformten Nasen werden Nasenlöcher oder Nüstern aus schwarzem Filz (nach den Formen des Vorlagebogens) ausgeschnitten und auf das Heu aufgeklebt. Die Igel (siehe Seite 21) haben Nasen aus einem länglichen Tropfen Heißkleber. Hierzu formen Sie den Klebetropfen, wenn sich der Kleber leicht verfestigt hat, mit angefeuchtetem Zeigefinger in die gewünschte Form. Nach dem Erkalten wird der Kleber mit wasserfestem Filzstift oder Bastelfarbe schwarz angemalt.

Schnäbel

Die Schnäbel schneiden Sie nach den Formen des Vorlagebogens aus grauen oder braunen Pappresten (z.B. Wellpappe) aus. Knicken Sie die Pappe im Verlauf des Wellenhohlraums und schneiden den Schnabel im Bruch **(Abb. 5)**. Den fertigen Schnabel fixieren Sie am besten mit Heißkleber.

Abb. 5

Schwänze

Für Schwänze wie z.B. bei den Mäusen (siehe Seite 11) ist Kokosfaserkordel am schönsten. Sie wird als „Baumanbinder" in zwei Stärken verkauft (Baumarkt oder Gartenmarkt). Ersatzweise nehmen Sie Sisalkordel, dicke Paketschnur, oder umwickeln lange Heuhalme mit Draht oder Garn. Soll der Schwanz aufrecht stehen, wird er mit einfachem schwarzen Blumendraht umwickelt.

Stöcke und Äste

Sie können alle Heutiere, die auf eine Pappform aufgewickelt sind, sehr einfach auf einem Stock befestigen. Schneiden Sie hierzu möglichst gerade Haselnussstöcke zwischen 0,6 und 2,5 cm Stärke (Holunder, Eberesche oder Ahorn gehen auch). Die Verzweigungen trennen Sie mit der Rosenschere ab, spalten den Stock und schneiden ihn unten spitz zu. Schieben Sie die Pappform in den Spalt und verkleben Sie sie bis sie fest sitzt **(Abb. 6)**.

Abb. 6

Ist Ihnen die Suche nach geeigneten Ästen zu mühevoll, kaufen Sie Bambus- oder Rundholzstäbe im Baumarkt. Diese Stäbe sollten Sie mit der Pappform nur verkleben.

Schleifen

Bei „Stocktieren" können Sie die Schleifen direkt um den Stock binden. Die Vögel (siehe Seite 9) und das Schwein (siehe Seite 23) sind mit einer Floristenschleife geschmückt. Legen Sie dazu das Schleifenband zu einer Brezel **(Abb. 7)**, und binden es anschließend in der Mitte mit einem Stück Blumendraht zusammen **(Abb. 8)**. Die Schleife wird dann mit Heißkleber am Heutier fixiert.

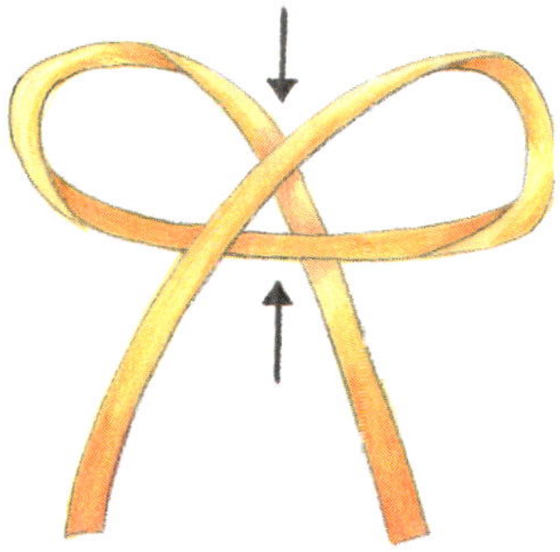

Abb. 7

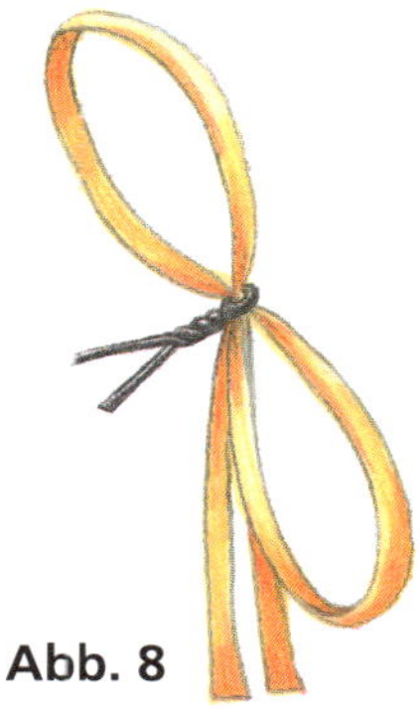

Abb. 8

Dekorationsvorschläge

Auf Stöcken befestigte Heutiere sehen sehr dekorativ in großen Weidenkörben oder Terrakottatöpfen aus. Füllen Sie die Gefäße bis zum Rand mit Steinen oder bepflanzen Sie sie. Kleine Stabtiere, wie z.B. den Vogel, können Sie in Blumensträuße oder -töpfe stecken. Andere Figuren lassen sich schön in flachen Körben mit Moos, Heu oder Stroh dekorieren.

Vögel

1. Die Grundform vom **Vorlagebogen 1 B** auf Pappe übertragen und ausschneiden.

2. Je ein Bündel Heu beidseitig als Schwanz auf die Pappe wickeln **(Abb. 1)**.

Abb. 1

3. Mit einem weiteren Bündel Heu die Brust formen und die Enden in den Schwanz übergehen lassen **(Abb. 2)**.

Abb. 2

4. Für den Kopf ein kurzes Heubündel über den Scheitel legen und fest mit Garn umwickeln **(Abb. 3)**.

Abb. 3

5. Für die Augen eine Holzperle spalten, den Schnabel aus Pappe ausschneiden und beides aufkleben (siehe Seite 5 und 6).

6. Soll der Vogel an einem Ast befestigt werden, zwei 10 cm lange Drähte in den Bauch des Vogels schieben und verkleben. Zur Befestigung auf einem Holzstab ein Loch von unten in den Bauch des Vogels bohren und den Stab einkleben. Schleifen aus dünnen Bändern ankleben.

Das brauchen Sie:

- ✗ **Grundmaterialien (siehe Seite 4)**
- ✗ **Holzstab (50 cm)**
- ✗ **Blumendraht**
- ✗ **schwarze Holzperlen**
- ✗ **Seitenschneider**
- ✗ **Schleifenbänder**

Mäuse

1. Die Grundform vom **Vorlagebogen 1 A** auf Pappe übertragen und ausschneiden. Heu zu zwei losen Bällen rollen. Beidseitig der Pappform aufwickeln **(Abb. 1)**.

Abb. 1

2. Ein Heubündel über der Nase scheiteln, die Halme hinten am Körper anlegen und mit Garn umwickeln **(Abb. 2)**.

Abb. 2

3. Noch sichtbare Pappstellen mit kurzem Heu bewickeln. Einen Teil der Schnauze als Nase abbinden **(Abb. 3)**.

Abb. 3

4. Einige Jute- oder Bastfäden verknoten und auf die Nase kleben.

5. Die Augen anbringen (siehe Seite 5). Für die Heuohren die Grundform vom Vorlagebogen auf Pappe übertragen, mit Heu bewickeln und mit Heißkleber ankleben. Die Lederohren siehe Seite 6.

6. Für den Schwanz 17 cm Kokosfaserkordel mit Blumendraht umwickeln (siehe Seite 6). Ein Loch in das Hinterteil bohren und den Schwanz einkleben. In Form biegen und eine Schleife ankleben.

Das brauchen Sie:

- ✗ **Grundmaterialien (siehe Seite 4)**
- ✗ **Blumendraht**
- ✗ **Seitenschneider**
- ✗ **Rosenschere**
- ✗ **Schleifenband**
- ✗ **schwarze Holzperlen (8 mm Ø)**
- ✗ **Kokosfaserkordel**
- ✗ **Jutefäden oder Bast**
- ✗ **evtl. Lederreste und Holzstäbchen**

Stockhahn

1. Die Grundform vom **Vorlagebogen 1 A** auf Pappe übertragen und ausschneiden.

2. Einen Haselnussstock spalten und die Pappform befestigen (siehe Seite 7).

3. Für den Schwanz ein Bündel Heu von etwa 25 cm Länge und 8 cm Ø ausstreichen und teilen. Beidseitig an die Pappe legen und mit Garn umwickeln **(Abb.1)**.

Abb. 1

4. Ein weiteres Bündel über die Brust nach hinten legen und umwickeln **(Abb. 2)**

Abb. 2

5. Ein drittes Heubündel über dem Kopf scheiteln (siehe Seite 8 Abb. 3). Unebenheiten mit kurzen Halmen ausgleichen. Den Schwanz buschig „frisieren".

6. Den Kamm und den Kehllappen aus rotem Filz ausschneiden und mit Heißkleber aufkleben. Die Augen und den Schnabel anbringen (siehe Seite 5 und 6). Schleifen am Stock befestigen (siehe Seite 7).

Das brauchen Sie:

- ✗ **Grundmaterialien (siehe Seite 4)**
- ✗ **Haselnussstock (90 cm)**
- ✗ **Blumendraht**
- ✗ **Rosenschere**
- ✗ **Seitenschneider**
- ✗ **schwarze Holzperle (6 mm Ø)**
- ✗ **roten Filz**
- ✗ **kariertes Schleifen- und rotes Juteband**

Eule

1. Die Grundform vom **Vorlagebogen 1 B** auf Pappe übertragen und ausschneiden. Die Rückseite der Pappform dünn mit Heu bewickeln. Auf die Vorderseite je eine große und eine kleine, locker geformte Heukugel als Kopf und Bauch aufwickeln **(Abb.1)**.

Abb. 1

2. Weiteres Heu so lange daraufwickeln, bis die Eule schön „pummelig" ist .

3. Als Ohren ein Bündel Heu auf den Scheitel wickeln, die Halmenden hochbiegen und schräg schneiden **(Abb. 2)**.

Abb. 2

4. Die Flügelgrundformen vom Vorlagebogen auf Pappe übertragen, ausschneiden und mit Heu bewickeln. Die Flügel rundlich biegen und seitlich am Eulenkörper festkleben **(Abb. 3)**.

Abb. 3

Das brauchen Sie:

- ✗ **Grundmaterialien (siehe Seite 4)**
- ✗ **Blumendraht**
- ✗ **Seitenschneider**
- ✗ **schwarzen Pfeifenputzer**
- ✗ **zwei Bärenaugen (10 mm Ø)**
- ✗ **Holzstäbchen**
- ✗ **kleinen Ast**

5. Für die Krallen sechs schwarze Stücke Pfeifenputzer à 3 cm zuschneiden und rund biegen. Einen kleinen Ast unter der Eule mit Heißkleber befestigen. Die Krallen in den noch flüssigen Kleber so einsetzen, dass sie um den Ast greifen.

6. Den Schnabel ankleben (siehe Seite 6).

7. Für die Augenhöhlen Löcher mit einem Holzstäbchen bohren und zwei Bärenaugen einkleben (siehe Seite 5).

8. Aufhängung anbringen (siehe Seite 22).

Steckenpferde

1. Die Kopfform vom **Vorlagebogen 1 B** auf Pappe übertragen und ausschneiden. Einen ca. 1,20 m langen Haselnussstock (2 cm Ø) spalten, die Pappform in den Spalt stecken und mit Heißkleber fixieren (siehe Seite 5).

2. Auf beide Seiten der Pappform vorgeformtes Heu auflegen: Ein gebogenes Bündel für das Maul, eine flache Kugel für den Kopf, ein abgerundetes Viereck für den Hals. Die einzelnen Bündel reichlich mit Garn umwickeln **(Abb.1)**. Beide Seiten gleich gestalten.

Abb. 1

3. Eine zweite Lage locker und gleichmäßig verteiltes Heu auf den Kopf wickeln bis die Pappform nicht mehr zu sehen ist. Darauf achten, dass der Kopf nicht viel größer als die Pappform wird.

4. Mit langen Heusträngen die Wangen formen, mit kurzen das Maul **(Abb. 2)**.

Abb. 2

5. Für die Mähne Heubündel von ca. 30 cm Länge ausstreichen (siehe Seite 3) und zu etwa 50 cm Breite flach aneinanderlegen. Mit einer langen Polsternadel (oder großen Stopfnadel) die Halme auf der Mittellinie mit Bast oder sehr festem Faden im Steppstich vernähen. Mehrmals hin und her nähen (**Abb. 3)**

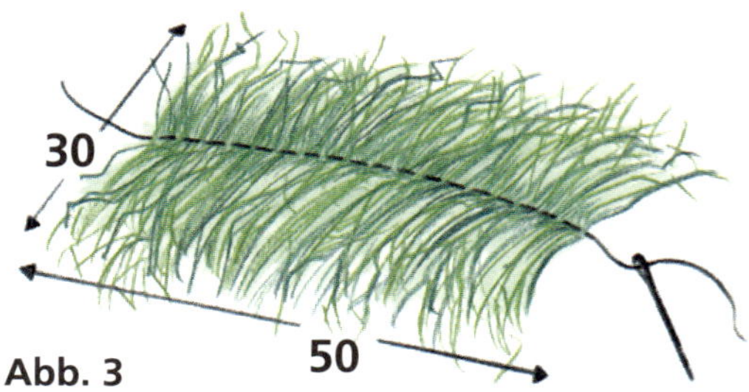

Abb. 3

6. Reichlich Heißkleber auf die Naht geben, den Pferdekopf auflegen und die Mähne sachte andrücken **(Abb. 4)**.

Abb. 4

7. Ist der Kleber völlig erkaltet, erneut Kleber zickzackförmig über eine Mähnenhälfte geben und beide Seiten zusammendrücken **(Abb. 5)**.

Abb. 5

8. Die Ohren vom **Vorlagebogen 1 B** aus braunem bzw. beigefarbenem Leder ausschneiden. Mit einem Holzstäbchen Löcher in den Kopf bohren, Kleber hineingeben und die Lederohren mit dem Holzstäbchen hineindrücken (siehe Seite 6).

9. Die Nüstern aus schwarzem Filz ausschneiden und auf die Nase kleben. Für die Augen schwarze Holzperlen (14 mm Ø) spalten (siehe Seite 6), zwei Augenlöcher bohren und die Holzperlen einkleben.

10. Aus ca. 1,80 m langem, breitem Juteband (blau oder naturfarben) eine Schleife binden (siehe Seite 7) und an den Stockansatz kleben. Eine zweite Schleife aus weiß-blau-kariertem Band darüberkleben.

Das brauchen Sie:

- ✗ Grundmaterialien (siehe Seite 4)
- ✗ Haselnussstöcke (ca. 1,20 m und 2 cm Ø)
- ✗ Polster- oder Stopfnadel
- ✗ schwarze Filzreste
- ✗ braunes oder beigefarbenes,steifes Leder
- ✗ Holzstäbchen
- ✗ schwarze Holzperlen (14 mm Ø) oder Fertigaugen
- ✗ Rosenschere
- ✗ evtl. Sisal-, Flachs- oder Kokosfaser
- ✗ blaues und/ oder naturfarbenes, breites Juteband
- ✗ kariertes Schleifenband

Abb. 6

Unser Tipp:

Anstelle der Heumähne können Sie eine Fasermähne (Sisal-, Flachs- oder Kokosfaser) anbringen. Dazu bohren Sie an Kopf und Hals mehrere Löcher, geben Kleber hinein und drücken die Fasern bündelweise in die Löcher (Abb. 6).

Igel

1. Ein sehr dickes Bündel Heu in der Mitte mit Garn umwickeln **(Abb. 1)**.

Abb. 1

2. Die Bündelhälften nach oben biegen und zu einem „Stiefel" formen. Unten mehrmals fest mit Draht abbinden **(Abb. 2)**.

Abb. 2

3. Die „Stacheln" nach außen biegen und einkürzen **(Abb. 3)**.

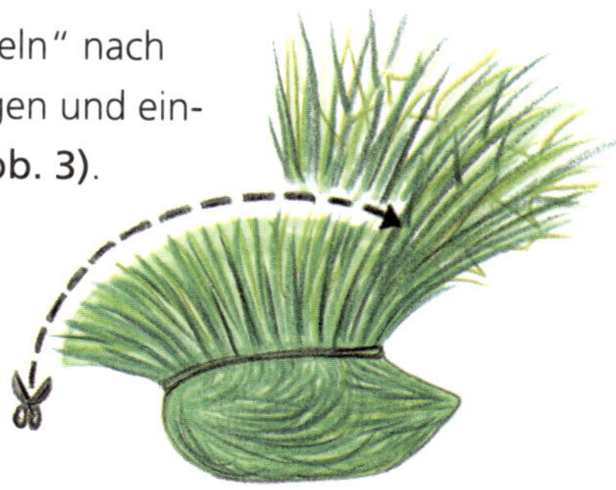

Abb. 3

4. Die Schnauze spitz drücken und mit kurzem Heu aufpolstern. Für die Augen eine schwarze Holzperle spalten und aufkleben (siehe Seite 6). Eine Nase aus Heißkleber gestalten (siehe Seite 6).

5. Den Igel (alleine oder in einer Gruppe von verschiedengroßen Igeln) auf ein Stück Rinde kleben. Mit Moos, Zapfen und Bucheckerhülsen dekorieren.

Das brauchen Sie:

- ✗ **Grundmaterialien (siehe Seite 4)**
- ✗ **Blumendraht**
- ✗ **Seitenschneider**
- ✗ **schwarze Holzperle (6 mm Ø)**
- ✗ **Rosenschere**
- ✗ **schwarzen, wasserfesten Filzstift**
- ✗ **Moos, Rinde, Zapfen und Bucheckerhülsen**

Glücksschwein

1. Die Kopfform vom **Vorlagebogen 1 A** auf Pappe übertragen und ausschneiden. Die Rückseite dünn mit Heu bewickeln. Die Vorderseite mit rundgelegten Heuhalmen so bewickeln, dass der Kopf zur Mitte hin dicker wird. Eine Kugel aus losem Heu rollen und auf die untere Kopfmitte binden **(Abb. 1)**.

Abb. 1

2. Aus der Kugel eine Schnauze formen und reichlich mit Garn umwickeln. Den Übergang von der Nase zum Kopf mit kurzen Heuhalmen modellieren **(Abb. 2)**.

Abb. 2

3. Die Ohren hohlförmig mit Heu bewickeln.

4. Die Augen anbringen (siehe Seite 6). Nasenlöcher aus schwarzem Filz, eine Schleife und ein Kleeblatt auf die Schnauze kleben.

5. Eine Blumendrahtschlaufe auf der Rückseite des Kopfes im Heu verkleben **(Abb. 3)**

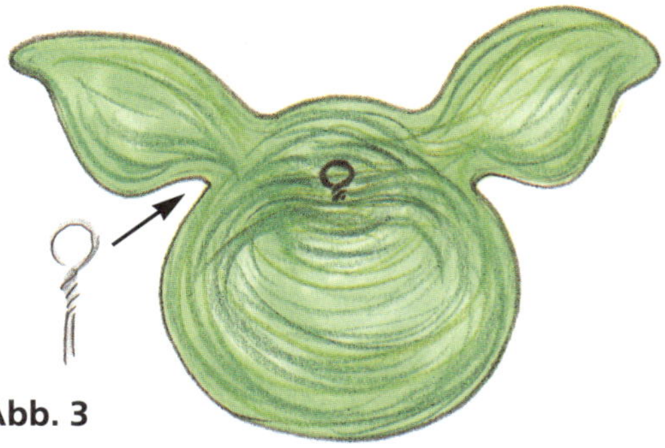

Abb. 3

Das brauchen Sie:

- ✗ Grundmaterialien (siehe Seite 4)
- ✗ Blumendraht
- ✗ Seitenschneider
- ✗ schwarze Holzperle (8 mm Ø)
- ✗ Schleifenband
- ✗ grünen Filz oder künstliches Kleeblatt
- ✗ schwarzen Filz

In der Reihe **„Einfach kreativ“** sind im FALKEN Verlag bereits erschienen:
„Lustige Tiere aus Artischockentechnik“ (Nr. 1816)
„Kleine Geschenke aus Strickschlauch“ (Nr. 1818)
„Basteln mit Pappmaché“ (Nr. 1822)
„Adventskalender“ (Nr. 1913) u. v. m.

Das Nachbilden der Modelle ist ausschließlich zum privaten Gebrauch gestattet. Alle in diesem Buch veröffentlichten Modelle sind urheberrechtlich geschützt und dürfen nur mit ausdrücklicher Genehmigung des Verlags und der Autorin gewerblich genutzt oder ausgewertet werden. Wenn Sie Fragen zur Materialbeschaffung haben oder irgendwelche Materialien nicht besorgen können, wenden Sie sich an die Autorin : **Anne Pieper, PF 1510, 42477 Radevormwald.**

Dieses Buch wurde auf chlorfrei gebleichtem und säurefreiem Papier gedruckt.

Der Text dieses Buches entspricht den Regeln der neuen deutschen Rechtschreibung.

ISBN 3 8068 1916 0

Umschlaggestaltung: Peter Udo Pinzer
Layout: Angelika Hanke, Hannover
Titelbild: Susa Kleeberg und Friedemann Rink, Wiesbaden
Fotos: Susa Kleeberg und Friedemann Rink, Wiesbaden
Zeichnungen: Anne Pieper, Radevormwald
Reinzeichnung des Vorlagebogens: Ulrike Hoffmann, Bodenheim
Redaktion: Heike Schulz
Herstellung: Anke Sprey

Satz: FALKEN Verlag, Niedernhausen/Ts.
Druck: Ludwig Auer GmbH, Donauwörth

817 2635 44